Dein Turbo in die neue Medienwelt

111 Tipps und Tricks für Instagram, Facebook, Twitter, YouTube & Co.

Laura Kerling

INHALT

INTRO

„Social Media?" Ein skeptischer Blick, dann Kopfschütteln: „Ist nicht wirklich meine Welt. Wozu überhaupt?"

Ja, wozu? Und was ist das überhaupt: Social Media?

Ich finde immer noch enorm spannend, wie oft mir bei der Arbeit dieses skeptische Kopfschütteln begegnet. Spannend, weil für mich persönlich Social Media zum Alltag gehören. Spannend, weil ich mich freue, wenn ich zeigen kann, wie wirkungsvoll Social-Media-Kommunikation ist.

Die Social Media sind heutzutage die Öffentlichkeit – aber für viele immer noch weitgehend terra incognita. ‚Was sollte ich beim Texten beachten? Welchen Kanal soll ich überhaupt bespielen? Welche Art von Post funktioniert am besten? Und welche Bilder und Videos werden am meisten geteilt? Vor allem: Wie soll das alles den Erfolg meines Unternehmens pushen?'

Weil all diese Fragen rund um die sozialen Medien immer wieder auftauchen und weil ich aus eigener Erfahrung weiß, wie viel Spaß es macht, wenn ein Post „funktioniert". Wenn er die gewünschte Resonanz erzielt, genau die Reaktionen hervorruft, die ich auslösen wollte. Wenn die gesamte Social-Media-Strategie aufgeht und und zu mehr Sichtbarkeit und Erfolg führt. Darum habe ich das geballte Wissen unseres Teams, der Gorus Gruppe, gesammelt und für dich zusammengefasst – in den 111 häufigsten Fragen und Antworten rund um Social Media.

Bei Gorus unterstützen wir Menschen und Unternehmen tagaus, tagein auf allen erdenklichen Kanälen – bei weitem nicht nur, aber auch auf Social Media – in ihrer öffentlichen Kommunikation. Jeden Tag vernetzen wir uns mit Hunderten von Menschen. Wir sorgen dafür, dass unsere Klienten gehört, gelesen und gesehen werden. Für dieses Buch habe ich mich mit jedem meiner Kollegen zusammengesetzt und die meist gestellten Fragen unserer Klienten gesammelt. Und liefere dir hier nun 111 passende Tipps und Tricks: schnell, nützlich und prägnant. Für deinen Turbo ... in die neue Medienwelt.

TEIL 1:

GRUND-
LAGEN

Was ist das überhaupt, dieses Social Media?

Social Media generell sind Websites und Apps, auf denen Nutzer eigene Inhalte, sprich Content, kreieren und teilen und sich mit anderen Nutzern dieser Websites und Apps vernetzen können. Viele Menschen sind mehrmals täglich auf Social-Media-Seiten, auch Social-Media-Plattformen oder Kanäle genannt, unterwegs – ich zum Beispiel 😉.

Social Media gibt es seit etwa 25 Jahren, wobei die technischen Grundlagen bereits in den Achtziger Jahren gelegt wurden. Die ersten ausgesprochenen Social-Media-Websites wie SixDegrees sind Mitte der Neunziger Jahre gestartet. Den richtigen Durchbruch hatte Social Media jedoch mit Facebook. Etwa zeitgleich entstanden Plattformen wie StudiVZ und OpenBC, heute als XING bekannt.

Durch die sozialen Netzwerke hat sich die gesamte Kommunikation weltweit komplett geändert. In Social Media werden Konsumenten zu Produzenten.

JEDER kann Content kreieren. Das unterscheidet soziale Netzwerke wesentlich von anderen Massenmedien: Sie bringen Massen von Menschen zusammen und in den interaktiven Austausch untereinander – im digitalen Netzwerk. Daher verändern sie sich auch rasend schnell, wie du sicher weißt.

Social-Media-Kanäle werden sowohl für die private Kommunikation als auch im Businessbereich genutzt. Für meine Kollegen und mich gilt: beides.

Welche Social-Media-Plattform hat die meisten Nutzer?

Der Platzhirsch unter den Social-Media-Plattformen ist aufgrund seiner langen Existenz, online ging dieser Klassiker im Februar 2004, Facebook. Auch mein Facebook-Profil existiert schon über zehn Jahre. Laut Eigendarstellung hatte Facebook im Sommer 2022 2,9 Milliarden aktive Nutzer weltweit in einem Monat. Instagram nutzen monatlich über eine Milliarde Menschen. Twitter kommt auf rund 350 Millionen Nutzer monatlich. Zum Vergleich: LinkedIn, ein im Businessbereich beliebter Kanal, hat knapp 900 Millionen aktive Nutzer – aber in einem Jahr.

Wie viele Personen nutzen Social Media generell?

Immer mehr … Vor zehn Jahren, also im Jahr 2012, waren es bereits ca. 1,5 Milliarden Menschen, die Social Media nutzen. Jetzt, 2023, sind es weltweit knapp über 4,5 Milliarden Menschen, das heißt: Über die Hälfte aller Menschen weltweit nutzen Social Media. Und das sehr regelmäßig: im Schnitt fast zweieinhalb Stunden am Tag. Und wie sieht das in Deutschland aus? Über 86 % der Deutschen sind in den Social Media aktiv. Das bedeutet nichts anderes als: Social Media sind heute die Öffentlichkeit.

Welche Social-Media-Kanäle gibt es überhaupt?

Oh, viele. Und es kommen immer wieder welche hinzu. Oder verschwinden wieder, weil sie dann doch nicht so gut bei den Nutzern ankommen. Wie zum Beispiel Google Plus. Der größte und beliebteste Kanal ist seit Jahren Facebook. Dann Instagram, wo ich selbst sehr gerne unterwegs bin.

Twitter für Kurznachrichten. LinkedIn und XING fürs Business. YouTube, Vimeo oder auch TikTok für Videos. Beliebt sind auch WhatsApp. WeChat. Telegram. Pinterest. Dazu gibt es noch einen Haufen kleinerer Kanäle wie beispielsweise Clubhouse. **Mein Tipp**: Frag dich, was dich interessiert, was du von den Social Media willst. So kannst du die Masse an Kanälen für dich eingrenzen und für dich einen, zwei oder drei Kanäle aussuchen. Mehr ist nicht sinnvoll. Damit du dich nicht verzettelst 😉.

Und was bringt mir Facebook?

Masse. Traffic. Kontakte. Facebook ist und bleibt größtes Netzwerk der Welt. Hier findest du in der Online-Welt die meisten Menschen – und wenn du eine Website hast, dann ist Facebook für dich wertvoll als der größte Traffic-Lieferant. Neuigkeiten auf der Website bekannt machen?
Dafür ist Facebook ideal, auch über Advertising, also Werbung (dazu erzähle ich dir im Teil 7 mehr).
Facebook ist für dich spannend, weil du dich hier mit vielen Menschen vernetzen kannst. Du kannst Gruppen gründen. Ich habe dort auch alte Freunde wiedergefunden, die ich aus der Schulzeit kannte und aus den Augen verloren hatte. Du kannst öffentlich kommunizieren, über die Kommentarfunktion. Du kannst aber auch private Nachrichten, sogenannte „PN“, schreiben („schick mir mal eine PN“, heißt es dann gerne in einem Kommentar). Du kannst, wenn du zum Beispiel eine öffentliche Seite an den Start bringst, Follower aufbauen. Du kannst aber auch einfach nur ganz viel lesen, dich bei Gruppen aus deiner Stadt über Neuigkeiten informieren oder Bilder schauen.

Was bringt mir Instagram?

Instagram wurde inzwischen von Meta gekauft. Das ist das Unternehmen von Mark Zuckerberg, dem Gründer von Facebook. Beide Social-Media-Kanäle ähneln sich, du kannst sie auch verknüpfen, sodass Fotos, die du auf Facebook postest, automatisch auch auf Insta gepostet werden. Insgesamt aber ist Insta fotolastiger und mittlerweile auch videolastiger. Weniger Text. Mehr was fürs Auge. Mehr Lifestyle. Du hast, wenn du ein Foto oder ein Video auf Insta hochlädst, auch einige Tools für die Bildbearbeitung.

Und du findest auf Insta jüngere Menschen als auf Facebook. Vielleicht weil Insta später gegründet wurde. Klasse finde ich persönlich bei Insta auch die Hashtags, Suchwörter die mit **#** gekennzeichnet sind. Wenn du dich zum Beispiel wie ich für Yoga interessierst, dann kannst du nach **#yoga** schauen. Du kannst einen solchen Hashtag auch abonnieren, dann werden dir auf deiner Startseite dazu Neuigkeiten angezeigt.

Was bringt mir Pinterest?

Wenn du gerne Tipps für ein Hobby oder kreative Anregungen suchst, dann ist Pinterest fein für dich. Pinterest ist im Endeffekt eine eigene kreative Sammlung von Geschichten, Zitaten, Bildern, Ideen und Inspirationen, die du anlegen und auch mit anderen Nutzern teilen kannst. Pinterest ist also eine Art virtuelle Pinnwand sämtlicher Themen von Rezepten über Sportübungen bis hin zu Einrichtungsstilen.

Was du hier anpinnst, ist übrigens über die Google Bildersuche auffindbar. Ein Vorteil, wenn du Pinterest für dein Business nutzt.

Welche Vorteile hat Twitter?

Twitter ist für dich ideal, wenn du auf dem Laufenden sein willst, was Politik und Gesellschaft angeht. Twitter ist sogar noch schneller als Radio, wenn es um das Verbreiten von Nachrichten geht. Die Bandbreite an Meinungen ist enorm. Auf Twitter sind viele Menschen aktiv, die beruflich mit Nachrichten und Medien zu tun haben. So findest du dort nahezu jeden deutschen Journalisten. Auch nahezu jeden deutschen Politiker. Denen kannst du dann, wenn du magst, schreiben, was du von ihnen denkst. Du kannst dich dort auch mit ihnen verbinden. Mit vielen Menschen, deren Ansichten du interessant findest und von denen du mehr lesen möchtest. Und das in aller Kürze: eine Nachricht auf Twitter, ein Tweet, wie das genannt wird, ist auf 280 Zeichen begrenzt. Romane findest du da also nicht 😊.

Brauche ich für mich LinkedIn?

Auf LinkedIn kannst du hochinteressante Business-Kontakte knüpfen, dich mit den Menschen in den Branchen und Unternehmen vernetzen, die dich beruflich interessieren, die für dein eigenes Business wertvoll sein können. LinkedIn kann also für dich ein spannendes Akquise-Tool sein.

Du kannst auf LinkedIn aber auch nach interessanten Stellenangeboten schauen oder dich über dein eigenes Profil interessant für alle machen, die einen Menschen mit deinen Fähigkeiten suchen. Denn LinkedIn ist mittlerweile auch eine riesengroße Job-Plattform. Meinen Job habe ich zum Beispiel auf LinkedIn gefunden 😉.

Und was bringt mir XING?

XING ist ein wenig der Oldie unter den Businesskanälen. XING ist eine deutsche Plattform und älter als das seit 2016 zu Microsoft gehörende LinkedIn. XING hieß früher OpenBC („Open Business Club"), gegründet schon 2003. XING wirkt auf mich insgesamt „seriöser", weniger „schnell". Hier ist auch weniger der Newsfeed relevant, sondern es zählen 1zu1-Vernetzungen und auch Gespräche über persönliche Nachrichten. Von den Branchen her ist es eher „Old Business". Aber: Die Nutzerzahlen in Deutschland, der Schweiz und Österreich sind immer noch höher als bei LinkedIn. Für Veranstaltungen im Business-Kontext, Jobsuche oder Jobangebote ist XING eine tolle Sache.

Was bringt mir YouTube?

YouTube ist mehr als die größte Musikvideosammlung, die größte Katzenvideosammlung. YouTube ist die zweitgrößte Suchmaschine der Welt. Bei YouTube findest du an Videos, Bewegtbild und auch Audios alles, was es irgendwo gibt. Es ist ein riesiger Wissensspeicher, wo du dich zu nahezu jedem Thema informieren kannst. Dein Computer spinnt? Du willst bei deinem Auto die Reifen wechseln? Was auch immer ... Du findest bei YouTube dazu ein Tutorial, ein „How to"-Video.

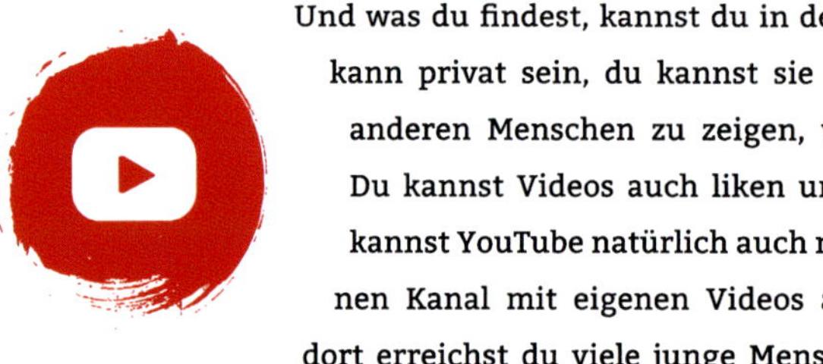

Und was du findest, kannst du in deine Playlist legen, die kann privat sein, du kannst sie aber auch teilen, um anderen Menschen zu zeigen, was dich interessiert. Du kannst Videos auch liken und kommentieren. Du kannst YouTube natürlich auch nutzen, um einen eigenen Kanal mit eigenen Videos aufzumachen. Gerade dort erreichst du viele junge Menschen, die mehr Filme auf YouTube schauen, als im TV oder auf Streaming Plattformen. Aktuell sind monatlich weltweit über 2,5 Milliarden User aktiv. Wenn du – auch für dein Unternehmen – Menschen über ein cooles Video erreichen willst, dann bist du auf YouTube richtig.

Vimeo – brauche ich das?

Vimeo ist die große Alternative zu YouTube, ähnlich wie Bing zu Google. Auch bei Vimeo kannst du deinen eigenen Kanal gründen, Videos hochladen. Wenn du also Videos veröffentlichen willst, schau dir mal beide Kanäle an, was dir eher liegt. Die Reichweite bei YouTube ist höher. Bei YouTube wird auch mehr Werbung gezeigt. Vimeo hat den Anspruch gegenüber YouTube, insgesamt eine professionellere Nutzergruppe anzusprechen: So darf bei YouTube jeder jedes Video hochladen, egal woher der Clip stammt. Bei Vimeo darfst du nur Videos hochladen, an deren Produktion du beteiligt warst.

Was bringt mir TikTok?

TikTok ist ein bei uns relativ neuer Social-Media-Kanal. TikTok kommt aus China und ist ein Portal, das auf kurze Videos setzt. Du kannst dort zum Beispiel über die App kurze Videos aufnehmen und mit Filtern und Effekten bearbeiten und mit Musik unterlegen, die dir TikTok zur Verfügung steht. Aufgrund deiner Nutzerdaten errechnet eine künstliche Intelligenz, was du wahrscheinlich sehen willst. Das erscheint dann auf deiner Startseite und du kannst sie durchwischen. Vor allem Teenager nutzen TikTok. Was den Datenschutz angeht, ist TikTok als chinesische Plattform noch mehr in der Kritik als andere wie beispielsweise Facebook. Sei also, wenn du hier etwas postest, wie immer behutsam in dem, was du von dir zeigst und teilst.

Was bringt mir Twitch?

Auf Twitch findest du viele Gamer. Als Live-Streaming-Videoportal wird Twitch vor allem für die Übertragung von Videospielen – du kannst dann anderen live beim Spielen zuschauen – und zum Interagieren mit Zuschauern der Spiele genutzt. Aber auch andere nutzen diese Möglichkeit, etwas live zu streamen: In Corona-Zeiten war Twitch spannend für viele Clubs, die zum Beispiel Live-Streams der DJs übertragen haben. Wenn du also das, was du tust, gerne live teilst, vielleicht einen Workshop oder so, dann kann Twitch für dich eine interessante Plattform sein. Und wenn du gerne Videospiele zockst, sowieso 😊.

Brauche ich WhatsApp?

Nun, ich habe mich gefragt: Ist WhatsApp überhaupt ein Social-Media-Kanal? Und für mich entschieden: Ja. Sogar der zweitgrößte hinter Facebook mit über zwei Milliarden aktiven Nutzern. Das Netzwerk, das du hier aufbaust, ist allerdings privater, als das auf den anderen Social-Media-Kanälen. Streng genommen ist WhatsApp ja ein Messenger, über den du Nachrichten verschicken kannst (wie ehemals über SMS), du kannst aber auch Fotos und Videos versenden, du kannst über WhatsApp telefonieren, Videochatten. Du kannst in WhatsApp Gruppen gründen, um die Gruppenmitglieder über News zu informieren. Du kannst in deinem Status Bilder und Videos veröffentlichen, die du sogar mit Texten anreichern kannst. Alles Funktionen, die aus WhatsApp einen Social-Media-Kanal machen, der übrigens zu meinem Standardtool in der Kommunikation zählt – sowohl geschäftlich als auch privat.

Was sollte ich beim Eröffnen eines Kontos auf einem Social-Media-Kanal beachten?

Sei dir bewusst, dass du mit deiner Anmeldung einen Schritt in die Öffentlichkeit machst. Bei den meisten Social-Media-Kanälen ist es mittlerweile so, dass du dich mit deinem realen Namen anmelden musst. Überlege also vorher, was du von dir zeigen möchtest. Wofür du Social Media nutzen möchtest. Unterschätze bitte nicht die Wichtigkeit dieser Fragen. Wenn wir die Kommunikation für eine Persönlichkeit angehen oder für ein Unternehmen, für eine Stadt, dann nehmen wir uns im Rahmen der ID-Strategie für solche Fragen viel Zeit. Und dann: Wähle dein Profilbild sorgfältig aus. Schreibe eine Vita, um dich den Menschen da draußen so zu zeigen, wie du es möchtest.

MEIN TIPP: Lege vor der Anmeldung eine E-Mail-Adresse für dich an, die du nur für Social Media nutzt. Die Gefahr ist immer da, dass mal ein Account gehackt wird. Also besser eine Mail verwenden, mit der du nicht an anderer Stelle einkaufst 😊.

Was kostet mich so ein Social-Media-Konto?

Zeit. Aufmerksamkeit. Geld aber erst einmal nicht ... Du bezahlst natürlich, wenn du das übers Smartphone machst, mit deinem Datenvolumen. Die Anmeldung bei einem Social-Media-Kanal ist in den meisten Fällen kostenlos. Warum? Weil die Anbieter meist mit deinen Daten, mit den Daten, die sie aus deinem Nutzerverhalten erhalten, Geld verdienen. Zum Beispiel, um dir passende Werbung zuzuspielen. Darüber musst du dir klar sein.

Was ist ein Post?

Ein „Post“ ist das, was du auf einem Social-Media-Kanal veröffentlichst, also postest. Mit Post ist Inhalt gemeint, sprich der Content. Das kann Text sein, Bild, Video. Oder die Kombi aus allem, die du als deinen Beitrag auf deinem Kanal postest.

Was ist ein Tweet und was ein Retweet?

Ein Beitrag auf Twitter wird Tweet genannt. Wenn ein anderer Nutzer deinen Tweet wiederum veröffentlicht, mit seinem Netzwerk teilt, ist das ein Retweet. Das ist also so ein spezielles Twitter-Ding.

Was ist der Unterschied zwischen einem Beitrag und einem Artikel bei LinkedIn?

Ein Artikel auf LinkedIn gleicht eher einem Blogbeitrag. Du kannst über ein Menü den Text formatieren, zum Beispiel Teile kursiv setzen oder Zwischenüberschriften einfügen. Das kannst du in einem Beitrag nicht. Ein Beitrag, also ein Post, auf LinkedIn ist zudem in der Zeichenzahl begrenzt, aktuell höchstens 3.000 Zeichen. Ein Artikel darf bis zu 40.000 Zeichen haben. Ein weiterer Vorteil, wenn du mehr Menschen erreichen möchtest, als die, mit denen du schon vernetzt bist: Artikel können auch Nutzer sehen und lesen, die nicht mit dir vernetzt sind.

Wer sieht meine Beiträge auf Social Media?

Wer soll sie denn sehen? Und wer nicht? Das sind die ersten Fragen, die du dir stellen solltest. Und wenn du sie für dich beantwortest hast, schau dir bitte genau die Sichtbarkeitseinstellungen der Plattform an, auf der du unterwegs bist und ändere diese in deinem Sinn: Stell also zum Beispiel deine Beiträge auf Facebook auf „nur Freunde dürfen das sehen", wenn du nicht möchtest, dass das, was du postest, eine größere Öffentlichkeit findet. Willst du natürlich genau das: viele Leute erreichen, solltest du deine Einstellungen entsprechend wählen.

Was macht ein Influencer?

Influencer sind Menschen, denen auf den Social-Media-Kanälen viele Menschen folgen und die deswegen sehr einflussreich sind. Viele Influencer verdienen damit ihr Geld, dass sie über Produkte sprechen, zum Beispiel diese anwenden oder präsentieren, also für Produkte werben.

Da sich auf den Social Media im Kern Menschen mit anderen Menschen vernetzen und austauschen, haben es Unternehmen schwer, sich wirkungsvoll auf Social Media zu zeigen. Denn Unternehmen und Marken sind ja keine Menschen. Deswegen sind Influencer für sie Gold wert. Diese erhalten dann von Unternehmen die verschiedensten Produkte oder Angebote, von Kosmetik bis zu Urlaubsreisen, von Kleidung bis zu Lebensmitteln, und werden zum Teil auch sehr gut dafür bezahlt, dass sie auf ihren Social-Media-Kanälen in ihrem ganz persönlichen Stil etwas zu diesen Produkten und Angeboten posten. So sorgen Influencer mit ihren Fotos und Videos dafür, dass die Menschen, die ihnen folgen, diese Produkte auch ausprobieren wollen, sprich kaufen.

Welche Gefahren birgt Social Media?

Die Nutzung kann tatsächlich süchtig machen. Das siehst du schon an der durchschnittlichen Nutzungsdauer von fast zweieinhalb Stunden am Tag. Aber es gibt Menschen, die sind drei bis vier Stunden tagtäglich auf den Social Media aktiv. Davon rate ich ab.

Eine andere Gefahr ist: Du bist „gläsern", gerade wenn du viel auf den Social Media teilst. Stell dir vor, du suchst einen seriösen Job, hast aber überall nur Partyfotos geteilt, auf denen du betrunken in die Kamera winkst. Personaler schauen in die Social-Media-Kanäle von eigentlich vielversprechenden Bewerbern. Ein zu freizügiger, unseriöser Social-Media-Auftritt kann für dich nachteilig sein. Also: Erst überlegen, dann posten! 😉

TEIL 2:

STRATEGIE

Welcher Social-Media-Kanal ist der richtige für mich?

Versuche nicht, auf allen Hochzeiten zu tanzen. Konzentriere dich auf die Kanäle, auf denen du dich wohlfühlst, die du gerne benutzt – und auf denen du die Formate (Text, Bild, Video, Podcast), die du gerne produzieren möchtest, auch ausspielen kannst. Und natürlich auf die Plattform, auf denen du die Menschen findest, die du ansprechen möchtest.

Welche Zielgruppe finde ich auf welchen Kanälen?

Das lässt sich nicht so einfach festlegen: Welche Menschen finde ich wo? Heutzutage sind die Menschen überall in den sozialen Medien unterwegs und die meisten benutzen mehrere Kanäle. Was ich allerdings sagen kann: Wenn es in deinen Posts um Berufliches und Karriere geht, sind Xing und LinkedIn die Kanäle der Wahl. Wenn du mit Bildern von dir erzählen möchtest, ist Instagram wahrscheinlich der richtige Kanal für dich.

Sollte ich als Unternehmer in den Social Media unterwegs sein?

Ganz einfache und klare Antwort: Wer heutzutage nicht in den Social Media unterwegs ist, findet in der Öffentlichkeit schlicht nicht statt. Die Öffentlichkeit des 21. Jahrhunderts sind die Social Media. Wenn du also auf dein Unternehmen, dein Produkt, deine Dienstleistung aufmerksam machen möchtest, musst du dich dort zeigen.

Wie wichtig das ist, merkst du auch, wenn du eine Person oder ein Unternehmen googelst: Auf der ersten Seite der Suchergebnisse findest du dann immer auch die entsprechenden Social-Media-Auftritte.

Was ist der Unterschied zwischen einem professionellen und einem privaten Account?

Auf vielen Social-Media-Kanälen gibt es einen Unterschied zwischen einem privaten Account und einem Account für Marken, Unternehmen, öffentlichen Personen wie Politiker, Schauspieler, Sportler oder Autoren. Auf deinem privaten Account von Facebook zum Beispiel freundest du dich mit anderen Menschen an, tauschst dich über Hobbys aus, bildest Gruppen. Allerdings begrenzt Facebook die mögliche Zahl deiner Freunde auf 5.000. Auf einem professionellen Account machst du auf dich als Unternehmer, als Dienstleister, als Marke, als öffentliche Person aufmerksam. Hier sammelst du Follower, nicht Freunde. Die Zahl der Follower ist nicht gedeckelt, sondern nach oben offen. Die kann auch in die Millionen gehen.

Mein Tipp: Ganz gleich, ob auf einem professionellen oder privaten Account, solltest du immer als Person, als Mensch unterwegs sein, nicht als Marke. Zeige dich als Persönlichkeit, denn Menschen kommunizieren mit Menschen, nicht mit Marken.

Was muss ich alles in meinem Social-Media-Profil angeben?

Das ist auf jedem Kanal ein bisschen anders. Grundsätzlich solltest du deinen Namen, ein paar kurze Infos zu dir und ein Porträtbild von dir ins Profil stellen. Manche Kanäle wie Facebook sehen ein großes Titelbild vor, den sogenannten Header. Da solltest du ein ansprechendes Bild einsetzen, das als Eyecatcher wirkt, aber auch etwas über dich ausssagt. Dann gibt es Kanäle wie Xing und LinkedIn, wo du sinnvollerweise Infos zu deiner Ausbildung, Studium etc. und zu deinem beruflichen Werdegang angibst. Wichtig ist dabei jedoch, dass deine Angaben auf all deinen Kanälen übereinstimmen, kongruent sind. Du weißt schließlich nie, wo auf welchem Kanal die Menschen über dich stolpern und wo sie dir sonst noch folgen. Also verwickle dich in deinen Angaben nicht in Widersprüche, sondern präsentiere dich: echt 😊.

Wie kann ich die Social Media für meine unternehmerischen Ziele nutzen?

Tatsächlich ist es sehr wertvoll, als Unternehmen eine Seite bei Facebook, Xing, LinkedIn oder vielleicht auch bei Instagram zu haben. Aber immer auch mit einem persönlichen Profil. Denn kein Mensch folgt einer Marke. Menschen folgen Menschen. Weil nur mit Menschen eine Identifikation möglich ist. Wenn du als Marke sendest, wird das auch in den Social Media eindeutig als Werbung wahrgenommen. Deshalb ist es wertvoll, auf einem Unternehmensaccount zum Beispiel Job-Ausschreibungen zu veröffentlichen, aber unbedingt auch über den persönlichen Kanal zu senden und sich persönlich zu vernetzen.

Kann ich mir über die Social Media ein Netzwerk aufbauen?

Genau dafür sind die Social Media optimal. Du kannst hier für dich interessante Kontakte aufbauen. Du kannst anderen Menschen oder Firmen folgen, kannst schauen: Was machen deine Mitbewerber in deiner Branche? Du kannst potenzielle Geschäftspartner finden. Die Social Media sind die beste Plattform für erfolgreiches Networking.

Wie schaffe ich es, dass die Leute mir in den Social Media folgen?

Generell folgen dir die Menschen, wenn du regelmäßig interessante Inhalte, Content, sendest. Sehr hilfreich ist auch geschicktes Verlinken und Taggen von anderen Menschen, die für dein Wunschpublikum interessant sind. Auch über clevere Hashtags kannst du auf dich aufmerksam machen. So sorgst du für ein organisches Wachstum deiner Follower-Zahl. Organisches Wachstum geht vergleichsweise langsam, dafür gewinnst du echte Fans, Follower, die dir vertrauen. Indem du deine Seite bewirbst, kannst du dein Wachstum beschleunigen.

Wem sollte ich selbst folgen?

Zuallererst einmal den Accounts mit den Themen, die dich tatsächlich interessieren, die irgendwie wichtig für dich sein könnten. Zum Beispiel, weil dieser Account viele Follower hat, die auch deine Wunsch-Follower, Wunsch-Kunden sind.

Mein Tipp: Versuche niemals, dein Produkt oder deine Dienstleistung in Gesprächsforen oder ähnlichem unterzubringen. Das wird sofort als Werbung wahrgenommen und du hinterlässt einen sehr negativen Eindruck – also das Gegenteil von dem, was du wolltest.

Wie baue ich mir eine Community auf?

Meine Follower sind meine Community. Mein Netzwerk ist meine Community. Nicht anders ist es auch bei dir. Es gibt darüber aber auch je nach Social-Media-Kanal unterschiedliche Möglichkeiten, Extra-Communities aufzubauen. Wie zum Beispiel auf Facebook, wo du Gruppen gründen und entscheiden kannst, ob sie öffentlich oder geschlossen sind. Viele kennen das sicherlich von regionalen Fangruppen für Vereine oder für eine Gemeinde oder spezielle Hobbys.

Kann ich über die Social Media an E-Mail-Adressen zum Beispiel von potenziellen Kunden kommen?

Je nach Kanal veröffentlichen die Menschen dort auch schon einmal ihre persönlichen E-Mail-Adressen. Normalerweise aber bleiben Follower relativ anonym. Die bessere Methode, wenn du E-Mail-Adressen sammeln möchtest: Mache ein interessantes, kostenloses Angebot, für das die User ihre Adresse angeben müssen, etwa ein spannendes PDF mit interessanten Infos, das du ihnen per Mail schickst.

Kann ich die Social Media nutzen, um meine Produkte zu verkaufen?

Du kannst natürlich über die Social-Media-Kanäle ganz tolles Onlinemarketing machen, weil du durch eine sehr genaue Zielgruppeneinstellung nur genau die über dein Angebot informierst, die es auch wirklich interessieren könnte. Zusätzlich ist dazu gut gemachter Content von Vorteil. Wenn ich zum Beispiel einen Feinkostladen hätte, dann würde ich regelmäßig leckere Rezepte posten, am besten auch als Video. Damit machst du den Usern mehr Appetit auf dein tolles Angebot als mit platter Werbung.

Wie finde ich neue Kunden in den Social Media?

Klar, wenn die Menschen heute in den Social Media unterwegs sind, dann sind dort auch deine zukünftigen Kunden unterwegs. Da kannst du dann sehr gezielt aussuchen, wen du erreichen möchtest, zum Beispiel aus welcher Branche deine Kunden kommen, welche Position sie dort einnehmen.

Oder du kannst auf eine breite Streuung setzen und durch geschickte Bewerbung eine Riesenreichweite anpeilen. Die ist dann grundsätzlich größer und günstiger als die, die du durch eine klassische Anzeige, Radio- oder TV-Werbung erzielst.

Brauche ich eine Strategie für meine Beiträge oder poste ich je nach Laune irgendwas?

Grundsätzlich macht es in den Social Media Sinn, strategisch vorzugehen. Du willst ja nicht dauernd dein Fähnchen nach dem neuesten Wind ausrichten, sondern das zeigen, wofür du stehst. Deshalb ist es wichtig, dass du einen roten Faden für deine Kommunikation findest, etwas, das wir im Rahmen einer ID-Strategie die Metastory nennen, um für die Menschen wiedererkennbar zu sein. Dieser rote Faden hilft dir auch bei der Entscheidung, was du posten sollst.

Wie sieht eine gute Social-Media-Strategie aus?

Jede Strategie braucht erst einmal einen Zweck: Was ist dein Ziel? Was willst du erreichen? Was willst du bewirken? Wenn das Ziel klar ist, dann überlege: Was ist das passende Publikum dafür? Was sind das für Menschen? Wie ticken die und wie muss ich meine Kommunikation gestalten, damit die anbeißen? Dann entscheidest du dich für einen roten Faden, damit klar ist, auf was dein Content einzahlen soll. Und zum Schluss musst du dir noch überlegen: Auf welchem Kanal sende ich wie oft Content?

Wie kann ich als Unternehmen den Erfolg meiner Social-Media-Auftritte messen?

Da gibt es grundsätzlich zwei Wege. Beim klassischen Onlinemarketing, also der Buchung von Werbeanzeigen ist alles genau messbar: Wie viele Menschen habe ich erreicht? Wie viele Impressionen habe ich bekommen? Wie viele Leute haben die Anzeige angeklickt und wie viele haben gekauft? So kannst du sehr genau den Return on Invest (ROI) deiner Social-Media-Aktivitäten messen und deine Kampagnen entsprechend planen.

Nicht ganz so einfach ist es bei organischem Wachstum. Du erfährst ja nicht, ob Kunden tatsächlich aufgrund deines Contents, deiner Posts zum Produkt gekommen sind. Wenn du aber kontinuierlich Content sendest und feststellst, dass dein Publikum größer wird, die Anzahl der Follower wächst, die Interaktionen zunehmen, dann kannst du sicher sein, dass du echtes Interesse geweckt hast an deinen Produkten oder deiner Marke. Und das spürst du dann auch an deinen Verkaufszahlen.

Wie lange dauert es, bis ich endlich Ergebnisse bekomme?

Das kann dir niemand pauschal sagen. Es kann sein, dass der Erste, der deinen Post sieht, anbeißt, kann aber auch sein, es ist erst der Hunderttausendste Follower. Aber wenn zum Beispiel einer deiner Mitarbeiter in deinem Unternehmen drei Posts darüber sendet, warum es ihm in deiner Firma so gefällt und daraufhin meldet sich ein Bewerber für eine Ausbildung bei dir, dann ist das doch ein Riesenerfolg und du hast einen Haufen Geld für einen Personaler gespart.

Deshalb mein Tipp: Frag deine Mitarbeiter und Auszubildenden, ob sie nicht Corporate Influencer für deine Firma werden wollen.

Wie viel meiner Zeit muss ich für Social Media aufwenden?

Der Erfolg in den Social Media lebt von Kontinuität. Es ist kein Sprint, sondern ein Marathon. Aber wahrscheinlich fällt dir nicht immer ad hoc etwas ein, was du posten könntest. Deshalb mein Rat: Produziere Content auf Vorrat. Dann brauchst du, wenn es so weit ist, nur in die Schublade zu greifen. Und wenn es dann doch was Aktuelles gibt, dann kannst du es immer noch geschickt einstreuen.

Aber zurück zur Frage: Wenn du, sagen wir, drei bis vier Social-Media-Kanäle bespielen möchtest, dann solltest du dir mindestens eine Stunde pro Woche dafür Zeit nehmen.

Wie schaffe ich einen roten Faden für meine Posts?

Mit dem roten Faden oder auch der Metastory ist gemeint: Formuliere für dich selbst, was du bewirken willst, worum es in deinen Posts gehen soll – möglichst präzise und abstrakt. Ein wichtiger Schritt, den wir bei einer ID-Strategie gerne kreativ an einer großen Tafel in unserem Atelier in Konstanz angehen. Mit Fragen wie: „Um was geht es dir eigentlich bei dem, was du tust? Für welches Problem deiner Kunden versprichst du eine Lösung? Und was genau ist der Kern deiner Lösung, deines Produktes, von dem, was du zu sagen hast? Was macht dich so einzigartig?" bekommst du Klarheit über diesen roten Faden. Dann kannst du alle deine Posts damit abgleichen. Die Metastory ist sozusagen die DNA deiner Posts. Und gleichzeitig machst du damit auch dir selbst noch einmal klarer, wofür du stehst.

Wie viel soll ich in den Social Media von mir selbst preisgeben?

Tatsächlich ist es wichtig, dass du Persönlichkeit zeigst. Denn nur dann, wenn du etwas von dir preisgibst, können die Menschen sich für dich interessieren, Vertrauen zu dir aufbauen, sich mit dir identifizieren. Aber du musst dich nicht ‚nackig' machen. Du entscheidest selbst, was du zeigst – und was die Öffentlichkeit nichts angeht.

Welche Fehler sollte ich in den Social Media auf jeden Fall vermeiden?

Social Media leben von Interaktion. Nur selbst Inhalte senden bringt dir noch nicht die volle Punktzahl. Du musst auch mit deinen Followern interagieren. Wenn du Likes willst, musst du auch Likes geben.

Spontanes Posten macht dich authentisch und echt – sympathisch. Es schafft eine Identifikationsfläche. Doch vergiss nicht: Das Internet vergisst nicht. Überlege dir also sehr genau, ob du wirklich Bilder von deiner Familie oder von deiner letzten rauschenden Party ins Netz stellen willst. Wenn du dir bei einem Post nicht sicher bist, dann sende ihn nicht! Und vor allem: Behalte deine Kommunikationsstrategie im Blick!

TEIL 3:

Wie schreibe ich einen guten Post?

Ein guter Anfang ist: Beobachte dich selbst. Welche Posts findest du gut? Was spricht dich an? Und wen willst überhaupt du ansprechen? Social-Media-Kommunikation ist eine dialogische 1-zu-1-Kommunikation. Also ist es auch wichtig, dass du ein Gespür dafür entwickelst, mit wem du kommunizierst. Und den sprichst du direkt an. Ehrlich und klar. Schreibe in kurzen Sätzen, dafür mit viel Nutzen stiftenden Inhalten. Passend dazu kannst du vielleicht noch ein wirkungsvolles Foto und zwei gut recherchierte Hashtags packen. Und fertig ist ein guter Post 😉

Wie lang sollte ein guter Post sein?

Das hängt tatsächlich von den Kanälen ab. Manche Kanäle haben da schlicht und einfach Vorgaben; auf Twitter zum Beispiel ist dein Beitrag auf gerade mal 280 Zeichen begrenzt. Schwierig für Vielschreiber wie mich. Da bieten Plattformen wie Instagram mit 2.200 Zeichen mehr Platz, um deine Inhalte zu platzieren. Aber, aufgepasst! Bedenke, auch wenn du gerade im Schreibflow bist: Dein Publikum zahlt mit Zeit. **Deshalb mein Tipp**: Nutze die Zeichen, um dich mitzuteilen, aber reize sie nicht bei jedem Post aus!

Duzen oder siezen?

Tja, das habe ich mich zu Beginn dieses Buches auch gefragt. Und diese Frage ist es wert, ausführlich überlegt zu werden, um für dich zu einer wirksamen ID-Strategie zu kommen. Wie machst du es denn im Business oder im Privaten? Rutschst du schnell ins „Du"?

Ist dein Umgangston eher locker oder legst du Wert auf Höflichkeit und eine professionelle Distanz? Ich persönlich komme aus dem Sportbereich, da gehört Duzen zum guten Ton. **Mein Tipp:** Mach es so, wie es dir gemäß ist! Aber: Entscheide dich auf deinen Social-Media-Kanälen für eine einheitliche Form. Heißt: Wenn du auf Instagram duzt, duze auch auf LinkedIn und umgekehrt.

Sollte ich Emojis verwenden?

Das ist wohl eine Generationen- und Geschmacksfrage ... Aber diese Hieroglyphen des 21. Jahrhunderts erzeugen natürlich immer ein bisschen zusätzliche Emotionen in deinen Posts. Sparsam (!) eingesetzt sind sie für dich ein zusätzliches Stilmittel, können trockene Inhalte auflockern – und deine Emotionen bzw. Tonlage transportieren 🙂.

Wie erstelle ich Beiträge, die gerne geteilt werden?

Indem du dein eigenes User-Verhalten beobachtest. Was teilst du selbst gerne? Oder, falls diese Medienwelt komplettes Neuland für dich ist: Was findest du interessant? So interessant, dass es auch deine Follower mitkriegen sollten? Inhaltlich originelle Beiträge, vielleicht lustig, vielleicht provokant, vielleicht polarisierend, vielleicht augenöffnend. Unterm Strich: Deine Beiträge sollten immer ein bisschen pfiffig sein – und du bist der Maßstab. Würdest du deinen eigenen Post teilen, wenn du ihn auf der Social-Media-Plattform gefunden hättest?

Was soll ich überhaupt posten?

Gegenfrage: Was willst du durch deine Inhalte bewirken? Was willst du der Öffentlichkeit, deinem Publikum, deinen Fans, deinen Freunden mitgeben? Such dir deine Botschaft, deinen roten Faden. Schaffe dir eine Struktur. Und achte dann darauf, dass alles, das du postest, auf diese Botschaft einzahlt.

Wie stifte ich Nutzen für den Leser?

Nutzen stiftest du durch konkrete Tipps, Ratschläge oder Impulse – statt durch plumpe Werbung. Spannende, originelle Inhalte und Inspirationen anstatt langweiliger Einheitsbrei. Gehe auch hier von dir aus. Platte Werbung? Klicke ich persönlich weg. Neue Anregungen und Sichtweisen hingegen erlangen meine Aufmerksamkeit.

Was heißt Storytelling in Social Media?

Storytelling heißt übersetzt „Geschichten erzählen". Menschen lieben Geschichten ... sonst wäre die Bibel ja auch nicht so erfolgreich gewesen 😉.

Mein Tipp: Erzähle Geschichten! Geschichten von anderen oder auch von dir selbst, deine eigenen Erfahrungen. Stories, die auf deine ID-Strategie einzahlen, also dafür sorgen, dass sich andere Menschen, vielleicht deine Kunden, mit dir identifizieren. Denn du kennst es sicher aus Gesprächen: Geschichten werden weitererzählt. Sie werden geteilt.

Was sind Hashtags und was bringen sie?

Hashtags sind Schlagwörter, die mit dem Zeichen # versehen sind. Sie dienen der Kategorisierung und thematischen Einordnung von Beiträgen. Aber vor allem sorgen Hashtags für Auffindbarkeit.

Ein Beispiel: Stell dir vor, du bist im Urlaub, setzt in deinem Post einen Hashtag mit der Stadt, in der du dich gerade befindest. Vielleicht hast du dort einen tollen Tipp für ein Restaurant. Andere Menschen, die später in derselben Stadt Urlaub machen, suchen über diesen Hashtag nach Inspirationen … und stolpern so über dich und deinen Post. Und hey, wenn das Restaurant eine gute Empfehlung war oder dein Profil für diese Menschen interessant erscheint, dann hast du vielleicht direkt ein paar neue Follower!

Wo finde ich die passenden Hashtags?

Auch die Hashtags unterscheiden sich kanalspezifisch. Entweder schaust du bei anderen Accounts, die in einem ähnlichen Themenfeld unterwegs sind, welche Hashtags häufig verwendet werden oder du recherchierst über verschiedene Plattformen oder Apps die besten Hashtags zu deinem Thema. **#hashtagsfinden** 😊.

Wichtig: Leerzeichen funktionieren in Hashtags auf keinem der Social-Media-Kanäle.

Kann ich in meinem Text Verlinkungen setzen?

Durch Verlinkungen generierst du mehr Sichtbarkeit für deinen Beitrag. Bei Facebook beispielsweise kannst du andere Personen, Produkte oder Seiten durch ein **@** markieren. So kannst du zum Beispiel die offizielle Website einer Stadt verlinken: **@stadtkonstanz**. Das ist auch mit Produkt- oder Personenseiten möglich, z.B. **@iPhone**. Allerdings gibt es auch hier kanalspezifische Unterschiede. Auf Instagram beispielsweise sind Verlinkungen nicht in den Beiträgen, dafür aber in der Bio, also deiner Profilbeschreibung, gestattet.

Wie effektiv sind Call-to-Actions in den Social Media?

In den Social Media gilt generell: Klartext! Sag deinen Usern, was du von ihnen willst. „Kaufe jetzt!" ... Nun ja, Call-to-Actions können sehr vielfältig sein. Und diese Vielfalt darfst und solltest du nutzen. Ein Call-to-Action kann beispielsweise auch eine offene Frage sein, die zu Interaktionen aufruft. „Wie siehst du das?" Oder eine Bitte, den Beitrag zu teilen oder zu liken. **Mein Tipp:** Setze Call-to-Actions unbedingt ein, aber nicht in jedem Post.

Wie werblich dürfen meine Texte in den Social Media sein?

Weniger ist mehr. Das gilt vor allem für Werbung. Denn Werbung im Internet nervt. Beobachte dein eigenes Verhalten bei Werbeanzeigen! Also ich scrolle bei plumpen Werbetexten so schnell wie möglich weiter. Interaktion Fehlanzeige. Warum ist das so? Werbeanzeigen stiften keinen Nutzen. Und dementsprechend auch keinen Grund, darauf zu reagieren. Setze bei deinen Texten also lieber auf Nutzen stiftende Inhalte statt auf platte Werbung.

Welche Fehler sollte ich beim Texten in den Social Media vermeiden?

Rechtschreibfehler. Belanglose Themen. Unbedachte Postings. Generell gilt auf Social Media der gleiche gute Umgangston wie im normalen Gespräch: Kein Mobbing, kein Bashing! Bleibe freundlich. Bleibe im Dialog. Vermeide generelle Ausdrücke wie „man“ oder „wir“. Sprich den Leser direkt an … und halte das Gespräch möglichst am Laufen. Meide geschlossene Fragen – durch sie gewinnst du höchstens eine hohe Absprungrate.

TEIL 4:

BILD

Welche Bilder sollte ich überhaupt posten?

Bilder lösen Emotionen aus. Deswegen ist es immer wertvoll, auch Bilder auf deinen Social-Media-Kanälen zu veröffentlichen. Das können eigene private Schnappschüsse sein, aber auch andere Bilder, an denen du die Nutzungsrechte hast. Ob traurig, nachdenklich, glücklich oder motivierend – wenn das Bild Gefühle weckt, hast du alles richtig gemacht 😉.
Außerdem werden auf den meisten Social-Media-Plattformen Beiträge mit Bild oder Video öfter ausgespielt als reine Textbeiträge.

Wie groß dürfen die Bilder in den Social Media sein?

Du kannst auf allen Plattformen sowohl Bilddateien in jpg als auch in png hochladen. Generell sollte die Datei nur nicht zu groß sein. Social-Media-Kanäle rechnen deine Bildgröße automatisch nach unten. Damit der Upload deiner Bilder schneller geht, lass sie am besten unter zwei Megabyte.

Je nach Kanal gibt es spezifische Vorgaben für die Beitragsbilder. Instagram Posts werden im Feed beispielsweise auf ein Quadrat zugeschnitten. Die ideale Bildabmessung für Facebook-Beiträge ist 1200 px Breite und 630 px Höhe.

Mein Tipp, um dir nachträgliche Mehrarbeit und viele Nerven zu ersparen: Recherchiere vorab bei Google die idealen Formate und Abmessungen für deine Social-Media-Plattform und deine Beitragsart.

Was sind Eyecatcher in den Social Media?

Welche Beiträge stechen aus der Masse heraus? Sind ein Blickfang? Wo bleiben deine Augen hängen? Sicherlich haben Eyecatcher einen gewissen Wiedererkennungswert. Hier eignen sich bunte, schrille Farben, vielleicht auch mal Bewegtbilder. Abwechslung ist angesagt. Wichtig zu erwähnen: Verabschiede dich von Perfektion. Denn die gibt es nicht und ist nicht das, was Aufmerksamkeit erregt. Weder im realen Leben noch in den Social Media.

Wo finde ich gute Bilder für Social Media, die nicht jeder hat?

Indem du sie selbst fotografierst 😉. Ansonsten gibt es natürlich auch zahlreiche Bilddatenbanken wie zum Beispiel Adobe Stock, Getty Images, Wikimedia Commons, Pixabay und Pexels. Falls du auf Bilder solcher Plattformen zurückgreifst, ist **mein Tipp:** Nimm auch hier Bilder, die wie echte Fotos aussehen und nicht langweilige Bildmontagen, bei denen jeder sofort sieht, dass es Stockfotos sind. Denn was gute Social-Media-Bilder auszeichnet, ist, dass sie Emotionen beim Betrachter auslösen.

Wie wichtig sind eigene Bilder für Social Media?

Sehr wichtig. In den sozialen Medien reden Menschen mit Menschen. Und Menschen zeigen sich idealerweise auch authentisch. Zeige auf deinen Kanälen etwas von dir, von deiner Persönlichkeit, von deinem Leben! Zeige dich selbst! Damit sorgst du für Identifikation. Oder wie es mein Kollege Tobias Pursche im Rahmen einer ID-Strategie gerne ausdrückt: Damit spannst du eine Identifikationsfläche auf.

Du wirst schnell feststellen: Die Bilder, die du selbst von dir machst, werden häufiger geliked und geteilt als austauschbare 08/15-Motive.

Wie mache ich gute, wirkungsvolle Fotos?

Indem du dich sympathisch und echt präsentierst. Das erreichst du durch eine bewusste Mimik, Körpersprache, genauso wie durch bedacht ausgewählte Kleidung. Natürlich spielen auch die technischen Komponenten eine Rolle: Achte auf eine gute Belichtung und einen interessanten Hintergrund. No-Gos sind zum Beispiel gegen das Licht zu fotografieren oder einen Hintergrund zu wählen, von dem du dich kaum absetzt oder auf dem zu viel los ist.

Muss ich auf jedem Bild zu sehen sein?

Nein, du musst nicht auf jedem Bild zu sehen sein. Aber es macht trotzdem durchaus Sinn, dich häufig und vor allem in unterschiedlichen Facetten zu zeigen. Dich immer nur in Business-Outfit mit einem Dauerlächeln zu präsentieren, wird irgendwann langweilig. Zeige dich abwechslungsreich, in unterschiedlichen Kontexten: bei der Arbeit, aber auch in deinem privateren Umfeld, bei deinem Hobby und in deinem Alltag. Und wenn du nicht immer dich selbst auf den Bildern zeigen willst, kannst du auch stellvertretend für deine Joggingrunde einfach deine Laufstrecke oder deine Joggingschuhe fotografieren.

Wie entwickle ich einen eigenen Stil meiner Bilder?

Einen Wiedererkennungswert, ein Alleinstellungsmerkmal kannst du durch unterschiedliche wiederkehrende Merkmale schaffen. Das können Schmuck- oder Kleidungsstücke sein, du kannst aber auch viel in der Bildnachbearbeitung machen. Du kannst deine Bilder beispielsweise mit einem wiedererkennbaren Rahmen schmücken oder ein Symbol integrieren (Achtung: Firmenlogos sind Werbung! Und was tut Werbung? Sie nervt). Aber auch eine ähnliche Farbgestaltung kann schon Wiedererkennung stiften. Du siehst: Deiner Kreativität sind keine Grenzen gesetzt.

Mit welchen Tools kann ich meine Bilder bearbeiten?

Zur Bearbeitung deiner Bilder gibt es die verschiedensten Programme und Apps. Du kannst deine Bilder online mit Grafikprogrammen wie z. B. Adobe Photoshop oder Canva bearbeiten. Diese Programme gibt es auch als Apps für dein Smartphone. Aber es gibt auch viele andere Foto-Apps, die du dir schnell, einfach und kostenlos auf dein Handy laden kannst, zum Beispiel Picsart. In solchen Programmen kannst du deinen Hintergrund bearbeiten, Texte auf deine Bilder legen oder deine Bilder mit anderen grafischen Elementen pimpen. Auch die Beleuchtung und Farbsättigung kannst du nachträglich mit diesen Tools anpassen. Probiere aus, welches Tool für dich und deine Zwecke am besten funktioniert!

Braucht jeder Post ein Bild?

Das ist abhängig von deinem Social-Media-Kanal. Allerdings hast du grundsätzlich bei den meisten Beiträgen die Wahl, ob du einen reinen Text postest, eine Bild-Text-Kombination wählst oder deinen Post mit einem Bewegtbild, vielleicht sogar Audio unterlegst. Bei manchen Social-Media-Plattformen kannst du sogar Karusselle (mehrere Bilder hintereinander als Bildreihe) oder auch Fotoalben hochladen. Auf den meisten Social-Media-Plattformen werden Beiträge mit Bild oder Video besser, sprich öfter ausgespielt als reine Textbeiträge. Sie bringen dir also unter Umständen mehr Reichweite.

Mein Tipp: Oft ist eine Bild-Text-Kombi hilfreich, um den gesamten Inhalt, den du vermitteln möchtest, transportieren zu können. So inkludierst du nicht nur den Sachverhalt, sondern idealerweise auch Emotionen über die visuelle Ebene 😊.

Warum hat mein Profilbild mehr Likes als meine anderen Bilder?

Ein Profilbild ist keine Pflicht, um deinen Social-Media-Account anzulegen und aktiv zu nutzen. Aber ja, ein Profilbild macht definitiv Sinn. Deine Seite ist dein Zuhause in den sozialen Medien. Deshalb solltest du dich da auch zeigen.

Oft sind unsere Klienten verblüfft, wenn die Reaktionen auf das Profilbild die Reaktionen auf die restlichen Beiträge deutlich übersteigen. Das liegt am Algorithmus der einzelnen Social-Media-Kanäle. Bei Facebook beispielsweise wird dein Profilbild grundsätzlich an alle Personen in deinem Netzwerk ausgespielt. Ein normaler Beitrag dagegen wird nur an rund ein Zehntel deiner Freunde ausgeliefert. Deswegen macht es auch Sinn, dich selbst auf deinem Profilbild zu zeigen und vor allem: dein Profilbild regelmäßig zu wechseln und zu aktualisieren.

Was ist ein Headerbild?

Ein Headerbild ist ein Titelbild, ein Banner auf deinem Social-Media-Profil. Ein solches Headerbild gibt es auf vielen Plattformen, beispielsweise bei LinkedIn, Facebook, Twitter oder YouTube, aber nicht auf allen. Instagram beispielsweise bietet keine Option, ein Headerbild einzusetzen.

Mein Tipp: Wenn du auf einer Plattform bist, die ein Profilbild und ein Titelbild anbietet, nutze auch beides, um deine Seite individuell zu gestalten.

Was ist ein Thumbnail?

Ein Thumbnail ist quasi ein Standbild zur Vorschau deines Videos, beispielsweise bei YouTube oder Vimeo. Auf manchen Social-Media-Plattformen werden dir beim Upload deines Videos einige Standbilder aus diesem vorgeschlagen, die du als Thumbnail nutzen kannst. Häufig sind das aber genau die Bilder, auf denen du dir nicht gefällst. Deswegen bietet es sich an, dass du dein individuelles Thumbnail selbst gestaltest und hochlädst. Vor allem bei Video-Serien macht eine wiedererkennbare Gestaltung der Thumbnails Sinn, um dem Besucher einen Überblick zu ermöglichen.

Welche Bilder sollte ich nicht posten?

Bilder, für die du kein Nutzungsrecht hast. Denn das ist schlicht illegal. Auch alle Bilder, die den Regularien der jeweiligen Social-Media-Plattform widersprechen – obszöne, brutale oder sonstige sensible Inhalte – sind schlicht nicht erlaubt.

Und ansonsten? Wiederhole ich meine Worte aus dem zweiten Kapitel: Das Internet vergisst nicht. Ich weiß nicht, wie es dir geht, aber ich möchte keine Bilder von mir als Baby in der Badewanne auf Facebook finden. Auch wenn ich ein süßes Baby war. Mein Fabel für bauchfreie Tops im zarten Alter von acht Jahren gehört ebenfalls nicht an die Öffentlichkeit. Ich bin froh, dass es damals weder Instagram noch Facebook gab. Was ich sagen will: Überlege dir gut, wen du zeigst, insbesondere, wenn es um deine eigenen Freunde, deine Familie, vor allem deine Kinder geht.

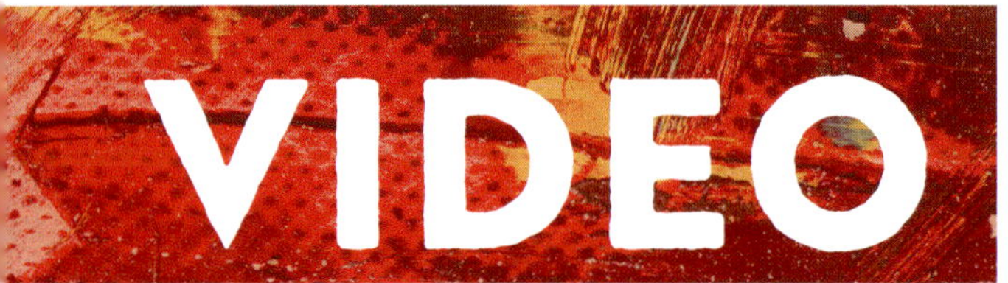

TEIL 5: VIDEO

Welche Videos funktionieren am besten auf Social Media?

Kurz. Interessant. Flott. Direkt. Abwechslungsreich. Und gleich auf den Punkt: Zeig deinem Publikum schnell, was für einen Nutzen dein Video hat, zum Beispiel spaßige Unterhaltung oder eine Problemlösung. Denn mittlerweile ist die Aufmerksamkeitsspanne, die Menschen heutzutage in den sozialen Medien haben, von einer Minute auf unter 30 Sekunden gesunken.

Was brauche ich für ein gutes Video für Social Media?

Ein gutes Video braucht eine Katze. Am besten zwei. Und ein Baby, das mit den Katzen zusammen einen aktuellen Hit singt, der zur Jahreszeit passt ... 😊 Nein. Was DU vor allem brauchst, ist ein Plan: Was willst du sagen? Was ist für dein Publikum Nutzen stiftend? Was ist an dem, was du zu sagen hast, besonders? Fragen, die bei uns im Zentrum einer wirksamen ID-Strategie stehen.

Dann brauchst du eine vernünftige Technik. Und die muss dich nicht teuer zu stehen kommen. Ein Smartphone mit guter Kamera und ein externes Mikrofon zum Anstecken reichen für den Anfang schon aus. Dazu, wenn du drinnen drehst, eine Ringleuchte, die für gleichmäßiges Licht sorgt. Dann bist du schon ganz gut dabei. Fast noch wichtiger als ein gutes Bild ist übrigens ein guter Ton, deswegen auch das externe Mikro: Wenn der Ton rauscht oder deine Stimme vor lauter Hintergrundgeräuschen nicht zu hören ist, das braucht keiner.

Und was du auf jeden Fall gegen Ende deines Videos brauchst: einen netten Call-to-Action. Zum Beispiel die freundliche Bitte zu liken oder zu teilen.

Wo kann ich meine Videos veröffentlichen?

Social-Media-Kanäle wie Facebook, Instagram, aber auch zum Beispiel LinkedIn bieten dir die Möglichkeit, deine Videos zu posten. Auch ein Videoportal wie Vimeo ist eine Möglichkeit. Die erste Adresse für Videos ist aber YouTube. Wenn du Videos drehst, solltest du mit diesen auch auf YouTube vertreten sein. Willst du dein Video auf einer Plattform teilen, bei der du ein Video nicht direkt hochladen kannst, zum Beispiel bei XING, dann kannst du dieses über einen Link von Vimeo oder YouTube tun.

Warum ist gerade YouTube so wichtig?

YouTube ist hinter Google die zweitgrößte Suchmaschine der Welt, eine gewaltige Sammlung an Bewegtbildern, die sich jeden Monat über 2,5 Milliarden Menschen ansehen. Keine andere Möglichkeit deine Videos zu zeigen kommt an eine potenziell so große Reichweite heran.

Meine Tipps: Sorge für einen Titel, der einen Nutzen verspricht. Und mit Hashtags und einem Beschreibungstext, der wichtige Fragen deines Publikums anspricht, für Auffindbarkeit.

Was sind Livestreams?

Ein Livestream ist im Prinzip eine Live-Übertragung, wie du sie aus dem Fernsehen kennst, nur auf Social Media. Du kannst zum Beispiel auf YouTube, Facebook oder auf Instagram mit einem Livestream dein Publikum erreichen und mit diesen per Video und Ton direkt kommunizieren. Zum Beispiel auch Fragen beantworten oder in einer Gruppe diskutieren. Du kannst aber auch Live-Bilder von einem Event senden, den du gerade auf die Beine gestellt hast. Oder ein Konzert oder eine Lesung oder der Moment, in dem bei dir im Unternehmen eine neue Maschine das erste Mal startet.

Was ist eine gute Videolänge?

Lange Videos bedeuten viel Content. Und Content wird auf den Social-Media-Kanälen groß geschrieben und auch von Google als Suchmaschine honoriert. Aber: Gleichzeitig hat sich die Aufmerksamkeitsspanne der User in den Social Media verringert, die beträgt im Schnitt nur noch knapp 30 Sekunden. Ist also doch kürzer besser? Zigtausend Videos auf Social Media haben gerade mal 15 Sekunden. **Mein Tipp**, wenn ich mir die neueren Erkenntnisse über wirksame Videos anschaue: Halte am besten die Waage. Mit einem gut gemachten Video mit einer Länge zwischen einer und zwei Minuten bist du auf dem richtigen Weg. Streue ab und zu einen Video-Shorty von unter 15 Sekunden ein, damit sorgst du für Abwechslung.

Wie lang darf ein Video längstens sein?

Die Höchstlänge wechselt, aktuell liegt sie bei Facebook im Feed bei 240 Minuten, in den Stories bei 120 Sekunden. Bei Instagram sind es im Feed bis zu 120 Sekunden. Auf Pinterest kannst du Videos bis zu 15 Minuten anpinnen. LinkedIn begrenzt Videos auf die Länge von 10 Minuten. TikTok Videos dürfen aktuell höchstens drei Minuten lang sein. Bei Twitter bist du mit zwei

Minuten und 20 Sekunden längstens auf Bewegtbild zu sehen. YouTube ist ideal für dich, wenn du bis zu zwölf Stunden lange Videos auf Lager hast 😊.

Was ist der Unterschied zwischen Reels und Stories?

„Reel" nennt Instagram kurze Videos in einer Länge von 15 bis 90 Sekunden, die über die Instagram-App erstellt werden können. Du kannst die kurzen Videos mit Musik unterlegen und mit Effekten bearbeiten, die Instagram dir zur Verfügung stellt. Insofern ähneln Reels Videos auf TikTok. Auch in den Instagram Stories kannst du Videos posten, aktuell bis zu 60 Sekunden lang, in den Stories kannst du aber auch Fotos oder Inhalte anderer User teilen. Der größte Unterschied zwischen Reels und Stories ist: Stories verschwinden nach 24 Stunden.

Wie bearbeite ich meine Videos?

Einige Social-Media-Kanäle bieten dir interessante Möglichkeiten, Videos zu bearbeiten. Zum Beispiel Instagram oder TikTok, die dir unter anderem Bildfilter an die Hand geben. Da kannst du schon spannende Dinge mit tun und deine Videos aufpeppen. Individueller bist du aber unterwegs, wenn du dir eine Videobearbeitungs-App auf dein Smartphone herunterlädst. InShot zum Beispiel, was ich sehr gut für Instagram finde. Oder Filmora. Aber probiere das doch mal aus, da gibt es einige, in den Basisversionen kostenlose Programme für Android und iPhone. Wenn du lieber am Rechner deine Videos bearbeitest, dann wird Lighthouse sehr gerne benutzt. Oder aber du gehst gleich auf die professionelle Schiene und benutzt wie mein Kollege Oliver Scheffer kostenpflichtige Tools wie Adobe Premiere oder Video Pro X von Magix.

Wie mache ich ein professionelles Video, aber ohne viel Zeitaufwand?

Indem du es einkaufst ... 😊 Nein. Du kannst auch mit „Hausmitteln" ein Video drehen, das dich professionell zeigt. Und ab einem bestimmten Übungsgrad auch durchaus in kürzerer Zeit. Aber bis es soweit ist, bis du in kurzer Zeit deine Videos in guter Qualität hinbekommst, wirst du schon eine gewisse Zeit einplanen müssen, um dich mit der Technik vertraut zu machen, um so gekonnt vor der Kamera zu agieren, dass du mit wenigen Takes, also Aufnahmen klarkommst. Aber damit du keine Zeit verschwendest, ist es für dich wichtig, mit Sinn und Verstand, sprich mit einem Plan an ein Video ranzugehen. Du brauchst nicht unbedingt ein komplett ausgearbeitetes Drehbuch, aber du solltest schon wissen, was du wie und wo und wie lange drehen willst, was du wie und wie lange in die Kamera sprechen willst. Und je klarer dir das ist, je geübter du beim Dreh bist, umso weniger Zeit wirst du aufwenden müssen, um ein Video zu drehen, in dem du professionell rüberkommst.

Welche Fehler sollte ich bei Videos auf Social Media generell vermeiden?

Langweilige Videos. Videos, in denen du erst einmal eine Stunde nicht zum Punkt kommst, weil so lange niemand zuschaut. Ein Fehler ist auch, wenn du dein Video hochkant aufnimmst, weil das dann einen unschönen Rand gibt. Also besser ist Querformat. Wackeln sollte dein Video nicht, es sei denn, du wandelst auf den Spuren von Blair Witch Project und drehst einen Gruselfilm. Mit einer Selfiestange zum Beispiel sorgst du schon für ein viel ruhigeres Bild, besser noch ist ein Stativ. Ein typischer Fehler sind auch zu laute Hintergrundgeräusche.

Die kannst du schon sehr gut vermeiden, wenn du dir ein externes Mikrofon besorgst, das du dir anheftest. Das richtige Licht ist eine Kunst. Aber in Innenräumen, wenn du dich zum Beispiel an einem Tisch selbst filmst, kannst du mit einer Ringleuchte sehr gute Ergebnisse erzielen. Achte bei Außenaufnahmen darauf, nicht mit Gegenlicht zu filmen, wenn du möchtest, dass auf deinem Video mehr zu sehen ist als Lichtreflexionen 😊.

TEIL 6:

PUBLI-SHING

Wie oft muss ich denn etwas posten?

Das ist tatsächlich von Kanal zu Kanal sehr unterschiedlich. Aber vergleichsweise kurzlebig geht es überall in den Social Media zu. An der unteren Grenze liegen Business-Plattformen wie XING und LinkedIn: Dort reichen für dich ein oder zwei Posts pro Woche, um in Erinnerung zu bleiben. Mehr wäre vielleicht sogar kontraproduktiv, weil dann die eine oder der andere denkt, du hättest ja sonst nichts zu tun 😊. Bei Facebook und Instagram rate ich dir zu drei bis fünf Posts pro Woche. Wenn du seltener postest, läufst du Gefahr, dass deine Posts von den Kanälen weniger weit verteilt werden – also weniger Menschen deine Posts überhaupt sehen können. Richtig kurzlebig geht es auf Twitter zu: Da macht es Sinn, mehrmals täglich etwas zu tweeten oder zu retweeten. Häufiger zwitschern wird belohnt.

Stimmt es, dass es auch darauf ankommt, wann am Tag ich etwas poste?

Das stimmt tatsächlich. Am besten, du googelst einfach ‚wann auf xy posten', da findest du immer aktuelle Hinweise. Wann die beste Tageszeit ist, hängt vom Nutzerverhalten ab, also davon, wann die Menschen auf ihre Social-Media-Kanäle gehen. Instagram zum Beispiel nutzen die meisten über ihr Smartphone und nicht an ihrem Büro-PC. Das heißt, sie nutzen eher die Mittagspausen und den Feierabend. Die erreichst du also zwischen 12 und 13 Uhr und zwischen 18 und 21 Uhr am besten. Bei Facebook liegen die besten Zeiten im Moment dienstags, mittwochs und donnerstags zwischen 9 und 10 Uhr morgens. Aber diese Angaben schwanken. Das Einfachste, um herauszufinden, wann du die Menschen auf den jeweiligen Kanälen erreichst: Beobachte dein eigenes Verhalten. Wann schaust du denn in deinen XING-Account? Die Wahrscheinlichkeit, dass die Menschen, die du erreichen möchtest, zur selben Zeit online sind, ist sehr groß.

Mein Tipp: Wechsle selbst hin und wieder die Zeiten, wann du postest. Dann erreichst du auch die, die einen anderen Rhythmus haben als du.

Brauche ich einen Plan, wann ich was poste?

Ja und nein. Nein: Weil ein Veröffentlichungsplan schnell unnatürlich wirkt, dir die Glaubwürdigkeit nimmt. Weil du eben nicht wie ein „normaler Mensch" auf den Social Media unterwegs bist, sondern eben strukturiert. Ja: Weil du nur mit einem Plan wirklich strategisch deinen Erfolg auf den Social Media angehen kannst. Gerade, wenn du für ein Unternehmen postest. So ein Redaktionsplan kann tatsächlich hilfreich sein – aber auch hinderlich. Wenn du dir einen Plan machst, was du wann veröffentlichen möchtest, fällt es dir leichter, einen roten Faden durchzuhalten. Du behältst dann auch besser im Blick, ob du wirklich alle Themen, die du bringen wolltest, auf dem Schirm hast – und nicht im Eifer des Posting-Geschäfts schlicht vergisst. Auf der anderen Seite ist Vorsicht angesagt: Denn du weißt nie im Voraus, wie zum Beispiel das Wetter wird oder was gerade durch die Nachrichten geht an dem Tag, den du für deinen Post geplant hast. Da kann es ganz schnell passieren – insbesondere wenn du die Veröffentlichung automatisiert vorausplanst, was zum Beispiel in Facebook ja möglich ist – dass dein Post als völlig unpassend wahrgenommen wird.

Ist es okay, wenn ich den gleichen Inhalt auf verschiedenen Plattformen veröffentliche?

Das ist nicht nur okay. Das solltest du sogar unbedingt tun. Bloß nicht unterschiedliche Inhalte auf den verschiedenen Kanälen senden! Denn egal, ob du gerade auf Twitter, Facebook oder Instagram bist: Du bist immer dieselbe Persönlichkeit, derselbe Mensch. Da darfst du dich nie unterschiedlich darstellen, bloß weil du denkst, du musst dich jeweils den Menschen anpassen, die auf dem jeweiligen Kanal angeblich unterwegs sind. Das könnte unangenehm auffallen, wenn dir jemand sowohl auf Twitter als auch auf Pinterest folgt – und dort auf ganz unterschiedliche Persönlichkeiten trifft. Auf der anderen Seite musst du bedenken, dass dir der eine auf LinkedIn, der andere auf Instagram folgt. Da möchtest du natürlich, dass beide deine Inhalte zu Gesicht bekommen. Und deshalb macht es sehr viel Sinn, die Kanäle, die du bespielst, auch immer mit demselben Inhalt zu füttern. Für eine wirksame ID-Strategie ist das super: Weil du so die Identifikation deines Publikums, deiner Kunden, mit dir förderst. Mal ganz abgesehen davon, dass das natürlich sehr viel weniger Aufwand für dich bedeutet 😉.

Gibt es Tools, die mir die Planung meiner Posts einfacher machen?

Ja, es gibt die unterschiedlichsten Social-Media-Planer von Buffer über Buzzfeed, Hub Spot und Feedly bis hin zu Hootsuite. Da musst du einfach mal schauen, was die jeweils können, welche Kanäle du damit tatsächlich bespielen kannst und was du von ihnen erwartest. Der Vorteil solcher Planungstools ist, dass du dich zeitlich unabhängiger machst und auch Zeit sparst. Denn du kannst voreinstellen, an welchem Tag du zu welcher Uhrzeit sendest. Und du brauchst einen Inhalt nur einmal zu erstellen, um ihn mit wenigen Klicks auf allen Plattformen zu veröffentlichen.

Mein Tipp: Definiere erst für dich, auf welchen Social-Media-Kanälen du aktiv sein willst, dann suche dir das Planungstool, das dazu passt.

Muss ich auf jedem Kanal einzeln posten?

Nein, musst du nicht. Dafür gibt es Planungstools, über die ich bei der vorherigen Frage geschrieben habe. Wenn du Zeit sparen willst, solltest du sie benutzen. Die Kanäle einzeln zu bedienen, kann aber auch Vorteile habe, weil du dann auf die jeweiligen Besonderheiten des Kanals eingehen kannst. Instagram zum Beispiel liebt es, wenn du ganz viele Hashtags setzt, LinkedIn mag es nicht so sehr und verteilt deinen Post vielleicht schlechter, wenn du es damit übertreibst. Auf manchen Kanälen kannst du auch Links zum Beispiel auf deine Website setzen, andere verlinken nicht. Wenn du also einen Post mit Link per Planungstool auf all deinen Kanälen veröffentlichst, dann kann es passieren, dass deine Follower einen Link sehen, aber nicht anklicken können. Das hinterlässt dann keinen guten Eindruck.

Kann ich einen schon geposteten Beitrag noch ändern?

Bevor ich diese Frage beantworte, erst ein **wichtiger Tipp**. Bevor ich auf „veröffentlichen“ drücke, schaue ich mir erst noch einmal ganz genau an, was ich geschrieben habe. Ob alles drin ist, was ich in dem Post drin haben will. Damit ich eben nicht nachträglich etwas ändern muss. Was allerdings bei manchen Kanälen tatsächlich möglich ist. Meist findest du oben rechts einen Button mit „Beitrag bearbeiten“. Andere bieten nur „löschen“ an. Aber denke immer daran: Sobald du einmal auf Senden geklickt hast, beginnt der Social-Media-Kanal damit, den Post zu verteilen.

Du kannst nichts zurückholen, du kannst nur die weitere Verteilung stoppen. Nimm dir also lieber eine oder zwei Minuten Zeit, bevor du auf ‚Senden' klickst. So kannst du dir so manche lästige Änderung im Nachgang sparen.

Wie lange bleibt mein Beitrag sichtbar?

Hast du deinen Beitrag gesendet, bleibt er in deinem Feed und wird mit jedem neuen Beitrag von dir ein Stück nach unten verschoben – wenn du ihn nicht als ersten Beitrag fixierst. In allen Kanälen können sich andere Nutzer auf deinem Profil durch deinen Feed, also deinen im Netzwerk geteilten Content, scrollen. Natürlich kannst du Beiträge auch löschen, dann sind sie gar nicht mehr für dein Netzwerk sichtbar oder die Sichtbarkeit deiner Beiträge auf bestimmte Personengruppen, zum Beispiel deine Freundesliste, beschränken.

Wo sehe ich denn, wie viele sich meinen Post angeschaut haben?

Interaktionen wie Likes oder Herzchen – oder womit die verschiedenen Plattformen auch jeweils arbeiten – werden dir direkt angezeigt. Auf einigen Kanälen findest du auch Analysetools wie zum Beispiel Facebook Insights. Die sagen dann noch ein bisschen mehr aus. Zum Beispiel, in wie vielen Feeds dein Beitrag tatsächlich ausgespielt wurde. Spannend.

Mein Tipp: Achte nicht zu sehr auf die Zahl der Interaktionen, denn der passive Konsum nimmt in den Social Media immer mehr zu. Du kannst dich ja selbst mal fragen, wann du das letzte Mal auf einen fremden Post mit einem Like oder sogar mit einem Kommentar reagiert hast.

Wie kann ich mein Netzwerk erweitern?

Du möchtest viele Follower haben, du möchtest dass die Menschen sich mit dir vernetzen? Dann folge ihnen und vernetze dich mit ihnen. Meine Erfahrung zum Beispiel auf Instagram ist: Die meisten, die mir folgen, sind die, denen ich vorher selbst gefolgt bin. Das heißt nicht, dass du blind auf jeden Follow-Button klicken solltest. Der Inhalt, dem du folgst, sollte schon zu dir und deinen Inhalten passen. Also: erst lesen, dann vernetzen.

Wie erhöhe ich die Reichweite meiner Posts?

Einerseits, indem du Anreize für Interaktionen lieferst. Zum Beispiel durch offene Fragen, die zur Diskussion anregen. Indem du Inhalte postest, die die Menschen interessieren. Indem du aktuell bist und Hashtags integrierst, die oft gesucht werden. Welcher Hashtag wie oft verwendet wird, zeigt dir Instagram zum Beispiel jedes Mal an, während du ihn eingibst. Vor allen Dingen aber: Interagiere selbst. Meine Kollegin Claudia, Vollprofi in den Bereichen Publishing und Advertising, sagt immer: „Liken ist gut, kommentieren ist besser, teilen ist top."

Wozu nutze ich Markierungen bzw. Verlinkungen?

Je nach Plattform kannst du auf andere Accounts verlinken, indem du ein @ vor den Namen des Accounts setzt. Der führt deine User dann dorthin. Viel wichtiger aber ist: Der Besitzer des anderen Accounts wird darüber informiert, dass du auf ihn verlinkt hast – und markiert im Gegenzug dann vielleicht auch dich auf seinem Account. Auf diese Weise bekommst du selbst mehr Reichweite und Sichtbarkeit.

Wie wichtig ist Interaktion?

Die Social Media leben von der Interaktion. Also: Sende nicht nur deinen eigenen Content, sondern like, teile oder kommentiere auch die Beiträge deiner Freunde, Fans oder Follower. Das erhöht deine Reichweite und es wirkt sich positiv darauf aus, wie hoch deine Seite oder dein Account von Suchmaschinen gerankt wird.

Sollte ich darauf reagieren, wenn jemand einen Beitrag von mir kommentiert?

Generell ja. Social Media, das ist nichts anderes als ganz normale Kommunikation mit anderen Menschen, nur halt im Internet. Und wenn du auf der Straße oder sonst wo angesprochen wirst, reagierst du ja auch. Alles andere wäre unhöflich. Indem du auf einen Kommentar reagierst, zeigst du zuerst einmal Respekt und Wertschätzung. Und bei negativen Kommentaren kannst du dadurch vielleicht ein bisschen die Luft rausnehmen – bevor er sich im schlimmsten Fall zu einem Shitstorm entwickelt.

Und wie bekomme ich mehr Kommentare?

Indem du geschickt dazu anregst. Zum Beispiel durch Fragen stellen. Aber Vorsicht: Stelle keine geschlossenen Fragen, auf die die Menschen mit Ja oder Nein antworten können. Damit setzt du kein Gespräch in Gang. Stelle offene Fragen, zu denen die Leute dann auch wirklich was sagen können. Etwas, das dann vielleicht wiederum andere anregt, darauf zu reagieren.

Wie sollte ich mit einem Shitstorm umgehen?

Da gibt es keine goldene Regel. Je nachdem, wie polarisierend deine eigenen Beiträge sind, musst du ablehnende und negative Kommentare auch einfach mal aushalten. Es gibt aber auch Trolle in den Social Media, die sich bewusst auf jemanden einschießen, um ihn in der Community runterzumachen oder um ihn mürbe zu machen. Das darfst du natürlich nicht persönlich nehmen. Ignorieren oder blockieren hilft. Insbesondere bei beleidigenden oder einfach dummen Kommentaren. Und wenn es richtig schlimm wird, kannst du den Urheber dieser Kommentare bei der Plattform melden. Wenn es richtig krass wird: Anzeige erstatten.

TEIL 7:

ADVER-
TISING

Wann macht es Sinn, meine Beiträge zu bewerben?

Wenn du einen gut gemachten, Nutzen stiftenden Beitrag hast, ist es sicherlich wertvoll, diesen Beitrag zu bewerben. So machst du ihn vielen Menschen zugänglich, erhöhst also deine Reichweite und weckst das Interesse an deinem Angebot, machst also auf dich und deine Inhalte aufmerksam. Gewinne zunächst das Vertrauen deines Publikums, indem du unbezahlte und Nutzen stiftende Beiträge teilst. Auf diese Weise kannst du auch herausfinden, welche Beiträge gut funktionieren.

Wie viel kostet es, meine Posts zu bewerben?

Die Werbekosten in den Social Media variieren von Plattform zu Plattform und sind auch abhängig von deinem Kampagnenziel. Mit einer gut gemachten Werbeanzeige auf Facebook kannst du mit einem kleinen Tagesbudget von wenigen Euro einen großen Effekt erzielen und mehr Interaktionen, Impressions oder Klicks generieren. **Mein Tipp:** Starte deine Werbeanzeigen unbedingt mit einem kleinen Budget. Beobachte zunächst die Performance deiner Werbeanzeige in den ersten Tagen. Aufgrund dessen kannst du nachsteuern und gegebenenfalls mehr Geld in diese Advertising-Kampagne investieren.

Wie viel kostet mich Social Media als Unternehmen?

Social Media ist zunächst für jeden Nutzer – egal ob für Unternehmen oder Privatpersonen – kostenlos. Allerdings bezahlst du mit deinen Daten an die Betreiber der Social-Media-Kanäle.

Du machst anderen die Informationen, die du auf den Plattformen einstellst, zugänglich. Darüber hinaus zahlst du natürlich mit deiner Zeit, um die Inhalte zu produzieren und auszuspielen. Es sei denn du lagerst die Contentproduktion an externe Profis aus. Zum Beispiel an jemanden wie meine Kollegen und mich 😊.

Was ist eine Kampagne?

So wird die Werbeanzeige in Social Media genannt. Eine Kampagne schaltest du, indem du dir im ersten Schritt über deine Zielgruppe bewusst wirst, die du mit der Anzeige erreichen willst. Zur Schaltung einer Kampagne musst du außerdem die Laufzeit deiner Kampagne und dein Budget definieren. Dann kannst du deinen Beitrag gestalten. Das machst du, indem du zum Beispiel ein Bild, einen Text und einen Call-to-Action (CTA) festlegst – was hier funktioniert, kannst du in den vorherigen Kapiteln nachlesen 😉. Bei manchen Plattformen lädst du einfach mehrere Bilder, Texte und CTAs hoch. Die KI, die künstliche Intelligenz der jeweiligen Social-Media-Plattform, generiert aus dieser Auswahl verschiedenste Werbeanzeigen, die je nach ihrer Performance ausgespielt werden. Denn am Ende entscheidet immer der Markt, was funktioniert.

Wie lege ich mein Kampagnenziel fest?

Dein Ziel steht immer am Anfang. Es ist das Allererste, was du dich fragen solltest – ob du einen Social-Media-Beitrag verfasst oder ein Kampagnenziel festlegst. Was ist das Ziel der ganzen Kampagne? Willst du mehr Interaktionen, mehr Follower?

Mehr Impressionen, also mehr Reichweite, mehr Sichtbarkeit? Mehr Klicks? Inwiefern zahlt das Advertising auf deine ID-Strategie ein und ermöglicht mehr Menschen da draußen ein Mehr an für dich wertvoller Identifikation? Bei einer Kampagne in den sozialen Medien ist es so: Wenn du ein Produkt oder ein Angebot hast, das du möglichst vielen Menschen zeigen möchtest, hast du die Wahl: Sichtbarkeit oder Klicks.

Auch wenn ich keinen grünen Daumen habe, finde ich das „Gießkannenprinzip“ hier sehr anschaulich: Richte ich mein Kampagnenziel auf möglichst viele Impressionen aus, dann erreiche ich mit wenig Geld viele Menschen. Mein Beitrag bekommt viele Views. Viele Blumen mit einer breiten Gießkanne.

Oder ich richte den Guss gezielter aus: Dann lege ich mein Kampagnenziel auf Klicks und eine bestimmte Zielgruppe. Diese kann ich maximal einschränken und filtern, damit ich genau die Menschen erreiche, die ich erreichen möchte. Der Klick kostet aber logischerweise mehr als die Impression.

Wie lege ich meine Zielgruppe für die Kampagne fest?

Für wen soll deine Anzeige denn sein? Deine Zielgruppe richtet sich natürlich danach aus, wer dein Publikum ist. Für wen bietet dein Beitrag, dein Inhalt, dein Produkt, dein Angebot Nutzen? Was möchtest du damit erreichen? Je nach Social-Media-Plattform kannst du deine Zielgruppe eingrenzen, nach Alter, Geschlecht, Region, Beruf oder Interessen. Du entscheidest, wie gezielt du den Guss deiner Gießkanne ausrichtest. Falls dir jetzt der Zusammenhang zwischen Zielgruppe und einer Gießkanne fehlt, lies gerne die Frage davor 😉.

Wie lege ich mein Kampagnenbudget fest?

Je mehr du oben reinsteckst, umso mehr kommt unten raus ... Wobei du mit diesem „Viel hilft viel"-Prinzip auch eine Menge Budget verbrennen kannst, weil du vielleicht auf die falsche Zielgruppe setzt oder deine Anzeige weniger gut performt, als du gedacht hast. Wie hoch also immer auch das Budget ist, das du zur Verfügung hast, **mein Tipp** ist: Starte mit einem kleinen Budget. Fahre zunächst immer mehrere Anzeigen gleichzeitig und schaue, welche am besten performt. Probiere mit kleinem Budget aus, was gut klappt. Aus Erfahrungen wirst du in diesem Fall wirklich klug. Und bei den Anzeigen, deren Performance am besten ist, setze dann mehr Budget ein.

Wie viele Kampagnen auf einmal sollte ich starten?

Auf keinen Fall nur eine. Weil du eben mehrere Kampagnen brauchst, um wirklich einschätzen zu können, was wirkt. Klar, irgendwann hast du so viele Erfahrungen gesammelt, dass deine Einschätzung vom Start weg besser ist. Aber dennoch: Meine Erfahrung ist: Starte mindestens drei mit weniger Budget. Beobachte die Performance und entscheide dann nach wenigen Tagen, welche du optimieren willst oder abschalten.

Mein Tipp: Verzettel dich aber nicht, zu viele Kampagnen solltest du auch nicht auf einmal starten, um nicht den Überblick zu verlieren,

Und wie lang sollte ich meine Beiträge bewerben oder meine Kampagnen fahren?

Das liegt an dem von dir anvisierten Ziel. Wenn du einen Event bewirbst, dann natürlich nur bis zum Datum der Veranstaltung, klar 😊. Willst du Traffic auf eine Website locken, indem du zum Beispiel einen aktuellen Blog bewirbst, so hast du sehr gute Ergebnisse bei drei bis fünf Tagen Dauer einer Advertising-Kampagne, danach wird das Verhältnis der Cost per Click, der CPC, ungünstiger.

Ungünstig ist aber auch eine zu kurze Dauer: Weil dann zu wenig Usern auf Social Media deine Anzeige zugespielt wird, um eine Art Schneeballeffekt zu erzeugen – also ein verstärktes Teilen auf dem Kanal, das seinen Anfang bei den bezahlten Klicks nimmt. Auf jeden Fall solltest du die CPCs im Blick haben, weil du dadurch Erfahrungswerte sammeln kannst, wie lange lang genug ist.

Kann ich auch meine Videos bewerben?

Auf Google und auf Facebook kannst du im Prinzip jedes deiner Medien und Ziele im Internet bewerben, wenn es denn nicht den Richtlinien widerspricht. Also auch ein Video. Du kannst bei Facebook ein hochgeladenes Video bewerben oder aber auch eine Anzeige schalten, die den Link zu diesem Video zum Beispiel auf einer Website bewirbt. Du kannst aber auch dein Video auf YouTube bewerben, zum Beispiel, indem du einen Teaser auf Facebook in den Feed deiner Unternehmensseite setzt und dann den Teaser bewirbst. Oder aber über eine Google-Advertising-Kampagne. Wichtig für dich ist, zu wissen, was du bewirken willst. Mehr Sichtbarkeit für dein Video? Traffic für deine Website? Mehr Bekanntheit für dich persönlich?

Sollte ich Follower kaufen?

Nein. Der Kauf von Followern, Likes, Kommentaren und Retweets ist illegal und wird auch von den einzelnen Social-Media-Kanälen abgestraft, gerade im Unternehmenskontext. Und selbst wenn es legal wäre: Gekaufte Follower interagieren nicht. Sie liken nicht. Kommentieren nicht. Sie sorgen nicht über ihre Interaktionen für eine höhere Reichweite, weil die Algorithmen der Social-Media-Kanäle „merken": ‚Hey, das interessiert die Leute, die interagieren, sorge ich doch mal dafür, dass dies von mehr Leuten gesehen wird!' Warum aber wird der Kauf von Followern dennoch angeboten und oft auch genutzt? Weil das ein wenig so ist, wie bei einem Lokal: Stell dir vor, du bist im Urlaub, suchst nach einem Lokal, um lecker zu essen. Du läufst also durch die Altstadt, siehst ein Lokal voller Menschen und ein total leeres Lokal. Welches wirst du besuchen? Ähnlich verhält es sich mit den Followern in den sozialen Netzwerken.

Doch mein Tipp: Lass dich nicht in Versuchung führen, setze auf organisches Wachstum.

Was ist das, dieses „organische Wachstum"? Und wie bekomme ich das hin?

Organisch wächst dein Social-Media-Kanal, zum Beispiel die Zahl deiner Follower, indem du regelmäßig interessanten Content sendest, der dann von deinen Followern geteilt wird, sodass deren Kontakte auf deinen Content aufmerksam werden. Die dann denken: „Aha, das ist interessant. Lustig. Bemerkenswert." Und dann selbst deinen Content teilen, dir dann auch folgen. Und somit bei deinem nächsten ganz organisch für mehr Reichweite sorgen. Organisches Wachstum ist für dich das A und O erfolgreichen Netzwerkens in den Social Media. Und der Schlüssel dafür ist deine Persönlichkeit, der Charakter deines Unternehmens, und deine ganz eigene Art und Weise, für die Menschen da draußen Nutzen zu stiften.

OUTRO

Noch Fragen offen?

111 Fragen. 111 Antworten. Da sollte doch eigentlich alles klar sein – oder doch nicht? Die neue Medienwelt ist so weitläufig, ich weiß natürlich, dass ich dir mit meinem kleinen Buch nur einen winzigen Teil davon zeigen konnte. Doch ich hoffe: Du blickst schon wesentlich besser durch, hast deine persönlichen Goldnuggets, Antworten auf deine wichtigsten Social-Media-Fragen, gefunden und hast ein gutes Stück mehr Orientierung. Schließlich geht heute ohne Social Media nichts mehr, wenn du erfolgreich kommunizieren willst.

Aber die Social Media sind auch nicht alles. Außerdem laden Antworten ja auch immer gern zum Weiterfragen ein:

Wie findest du heraus, wie du dich am besten auf dem Markt positionierst, wie du dich von anderen unterscheidest?

Wie machst du das denn genau: eine ID-Strategie entwickeln?

Wie bringst du deine Buch-Idee, die du schon so lange mit dir herumträgst, endlich zwischen zwei Buchdeckel?

Wie bringst du dein Unternehmen heraus aus dem Weiter-so-wie-bisher aufs Zukunftsgleis?

Wie bekommst du eine richtig gute Bühnenpräsenz hin?

Wie produzierst du ein cooles Video-Jingle?

Wie komme ich zu einem tollen Internet-Auftritt?

Woher bekommst du Fotos von dir, die deine Persönlichkeit zum Ausdruck bringen?

Alles Fragen rund um wirksame Kommunikation und eine Strategie, die zu mehr Resonanz führt.

Ja, und ich brauche nicht lange überlegen, wo ich Antworten auf diese und ähnliche Fragen finden könnte, ich brauche mich nur hier in der Gorus Gruppe unter meinen Kollegen umzuschauen. Denn da sehe ich die Profis, die richtig coole Websites entwickeln, Videos drehen und schneiden, im eigenen Tonstudio Jingles komponieren, Podcasts und Hörbücher aufnehmen; die mit unseren Klienten ganze Bücher entwickeln, produzieren und vermarkten. Ich sehe Kollegen, die für unsere Klienten tagtäglich coole Posts und Blogs in den Social Media kreieren und veröffentlichen, Kampagnen gestalten. Profis, die Unternehmen und Persönlichkeiten positionieren, ID-Strategien kreieren und ihnen zu mehr Sichtbarkeit, mehr Resonanz und mehr Umsatz verhelfen. Kollegen, die unsere Klienten langfristig beraten und coachen – von Autoren über Politiker und Sportler bis zu Unternehmern und Unternehmen.

All das und noch viel mehr ist hier einfach unsere tägliche Arbeit – und ich wüsste nicht, welcher Job spannender sein könnte.

Laura

PS: Du findest uns hier:

gorus.de
gorus.media
gorus-campus.de
gorus-consulting.de
gorus-publicity.de

VITA

Über die Autorin

Texten war schon immer Laura Kerlings Leidenschaft. Und deshalb hat die studierte Medienwissenschaftlerin und Kommunikationsforscherin es auch zu ihrem Beruf gemacht: Als Content Producerin bei der Gorus Media GmbH lebt sie ihre Faszination für Menschen und Kommunikation aus: zuhören, wahrnehmen, aufnehmen und dann punktgenau passenden, wirkungsvollen Content für ihre Klienten produzieren – dabei fühlt sich die gebürtige Fränkin in ihrem Element. Buch, Website und Social Media sind dabei ihre Medien; Text, Bild und Video ihre Formate.

Wer sich aber unter einer Texterin und Content Producerin jemand vorstellt, die ihr Leben am Schreibtisch verbringt, der liegt bei Laura Kerling falsch. Denn ihre zweite Leidenschaft ist Sport und in der freien Natur unterwegs zu sein. Skifahren, Inlineskating, CrossFit, Schwimmen, Bergwandern – damit hält Laura Kerling Körper und Kopf fit. Und ihr ständiger Arbeitsort wäre ein sonniges Plätzchen direkt am Ufer des Bodensees – wenn es denn dort WLAN gäbe.

Aufgewachsen in der Nähe von Bayreuth studierte sie in Konstanz und in Köln und lebt heute wieder in der Stadt am Bodensee.

Wir bilden aus: Corporate Influencer

Social Media kosten Zeit. Aber durch Social Media gewinnst du auch: Sichtbarkeit. Influencer machen es vor. Sie kommunizieren: persönlich, echt, authentisch – mit vollem Erfolg.

Wie kannst du diesen Erfolg für dein Unternehmen nutzen? Indem du deine Mitarbeiter zu Influencern machst!

Ich persönlich bin unheimlich gerne auf den Social-Media-Kanälen, vor allem Instagram unterwegs. Mir macht es Spaß zu kommunizieren, Spaß, meinem Netzwerk zu zeigen, wie Kommunikation einfach aber effektiv funktioniert – und wie wir bei Gorus arbeiten. Ich bin stolz auf unsere Produkte und deswegen Botschafterin für Gorus. Einfach, indem ich ich selbst bin.

In der Corporate-Influencer-Ausbildung zeigen meine Kollegen und ich, wie du dein Unternehmen ins Licht der Öffentlichkeit rückst: in die neue Medienwelt, die Social Media!

Wer in deiner Firma hat Lust zu lernen, wie Social-Media-Marketing funktioniert? Oder vielleicht willst du auch selbst zum Botschafter deiner Firma werden!

Alles, was ein Markenbotschafter braucht, ist: Lust auf Fotografie, Video und Texten, ein bisschen Zeit – und einen Plan, wie es geht.
Und den haben wir für dich bzw. deine Mitarbeiter.

Unsere Online-Corporate-Influencer-Ausbildung zeigt dir in wenigen Wochen

- . . . . . . wie du die Social Media richtig nutzt
- . . . . . . welche Kanäle du bespielen musst
- . . . . . . wie du als Influencer erfolgreich wirst
- . . . . . . wie du mit einfachen Mitteln coole Videos produzierst

Und das ganz nebenbei.

Mache deine Mitarbeiter oder Azubis zu zertifizierten Corporate Influencern deines Unternehmens: eine kleine Investition ... mit viel Wirkung.

Denn Social Media sind kein Hexenwerk. Social Media machen Spaß – und Sinn, wenn du weißt, wie sie funktionieren. Social Media können dein Turbo sein.

Also schreib mir ein Mail und wir machen einen Termin aus, damit ich dir mehr zu der Corporate-Influencer-Ausbildung erzählen kann. Zum Beispiel: wann sie für dich oder deinen Markenbotschafter in spe startet ...

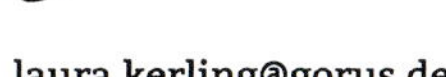

laura.kerling@gorus.de

Stichwortverzeichnis

Impressum

Erscheinungsjahr: 2023

1. Auflage

Layout & Satz: booyaka.design

Umschlaggestaltung: Gorus Media GmbH

Printed in Germany

Produziert von: Gorus Media GmbH

Foto: Oliver Scheffer

ISBN: DE-978-3-98617-042-4

Bibliografische Information der Deutschen Nationalbibliothek: Die Deutsche Nationalbibliothek verzeichnet diese Publikation in der Deutschen Nationalbibliografie; detaillierte bibliografische Daten sind im Internet über http://dnb.d-nb.de abrufbar.

Gorus Certified Publication ist ein Qualitätssiegel für Bücher, die im Selbstverlag ihrer Autoren erscheinen. Es stellt für Sie, den Leser, die konzeptionelle, gestalterische und textliche Qualität sicher. Dafür wurde dieses Buch von einer Jury aus erfahrenen Buchprofis detailliert geprüft und nach den Qualitätskriterien bewertet, die die Unternehmensgruppe Gorus in jahrzehntelanger erfolgreicher Arbeit im deutschsprachigen Sachbuchmarkt entwickelt hat. Nur Büchern, die diesen Kriterien genügen, wird das Gütesiegel verliehen.

Weitere Informationen: www.certified-publication.de